石油石化有害因素防护系列口袋书

噪声防护口袋书

中国石油化工集团有限公司安全监管部
中国石化集团公司职业病防治中心　组织编写

中国石化出版社

内 容 提 要

本书为《石油石化有害因素防护系列口袋书》之一，在介绍噪声、生产性噪声基本概念的基础上，对噪声的危害、噪声引起听力损失的机理及特征、职业接触限值及监测要求、职业健康监护、典型高噪声设备、工程控制措施、管理措施、个体防护措施和生活中注意事项进行了详细描述。

本书图文并茂、一目了然、简明扼要，非常适合于油田、炼化、工程等企业进行员工培训使用，也可供从事安全、职业健康工作的技术和管理人员参考。

图书在版编目（CIP）数据

噪声防护口袋书 / 中国石油化工集团有限公司安全监管部，中国石化集团公司职业病防治中心组织编写 . — 北京：中国石化出版社，2021.9（2021.11 重印）

（石油石化有害因素防护系列口袋书）

ISBN 978-7-5114-6435-4

Ⅰ . ①噪…　Ⅱ . ①中…　②中…　Ⅲ . ①噪声防护　Ⅳ . ① TB53

中国版本图书馆 CIP 数据核字 (2021) 第 174765 号

中国石化出版社出版发行

地址：北京市东城区安定门外大街 58 号

邮编：100011　电话：(010) 57512500

发行部电话：(010) 57512575

http://www.sinopec-press.com

E-mail:press@sinopec.com

北京富泰印刷有限责任公司印刷

全国各地新华书店经销

*

787 × 1092 毫米 32 开本 2 印张 34 千字

2021 年 9 月第 1 版　2021 年 11 月第 2 次印刷

定价：20.00 元

前言

噪声已成为工业生产中最常见的职业病危害因素之一。噪声对人类的危害是多方面的，对听觉器官的损害最为明显。长时间接触强噪声，听力会减弱，进而导致听觉器官的器质性损伤，造成听力下降。噪声长期作用于中枢神经系统，可使大脑皮层的兴奋和抑制失调，条件反射异常，出现头晕、头痛、耳鸣、多梦、失眠、心慌、记忆力减退、注意力不集中等症状。严重者可产生精神错乱。噪声可引起神经系统功能紊乱，导致血压升高或降低，心率改变，心脏病加剧，使人的唾液、胃液分泌减少，胃酸降低，胃蠕动减少。在噪声环境中，工人由于心情烦躁，身体不适，而使注意力不集中，反应迟钝，这样工作起来很容易出差错，不仅影响工作速度，而且会降低工作效率，甚至引起工伤事故。

听力与语言是人类相互交流和认识世界的重要手段，但是听力保护并没有得到人们的应有重视。据世界卫生组织（WHO）的数据，听力受损是全球最常见的感官残疾，而16%的听力受损是工作场所噪声所致。人的听觉系统异常精密和脆弱，噪声能够直接伤害内耳的毛细胞，使细胞变性、死亡，不可逆转。2005年，世界卫生组织曾对全球噪声聋情况进行评估。

结果显示，噪声聋是全球排名第15位的严重疾病。西方发达国家的患病率为7%，而发展中国家的患病率高达21%。有报道称，长期在95dB的噪声环境中，约有29%的人会丧失听力，即使噪声只有85dB，也有10%的人会发生耳聋。权威机构发布数据显示，我国噪声性耳聋报告病例逐年增加，2011年比2010年增加46.85%，2012年比2011年增加21.06%。2016年全国重点职业病监测结果表明，近10%的噪声接触人群出现高频听力损失。

因噪声性耳聋具有隐匿性强、损伤进展慢、潜伏期长等特点，听力损失发生的早期却很难引起人们的警惕。

石油石化行业噪声来源十分广泛。工作场所大量转动设备，会因机械撞击、摩擦、转动等产生机械性噪声。压缩机、加热炉等会因气体压力突变或流体流动产生流体动力性噪声。发电机、变压器等会因磁场变化而引起电磁性噪声。因此，对于多数员工来说，工作场所中的噪声是无法避免的。然而，职业性噪声聋却是可防、可控的疾病。

减少或降低噪声危害的途径主要有三种，一是工程控制，二是管理控制，三是个体防护。通过工程控制和管理控制，降低工作场所的噪声危害；通过教育培训，让员工深刻认识听力防护的重要性，自觉提高防噪意识，做好个体防护。把牢职业病防治的最后一道关口，是企业与员工的共同责任。

本书以图文并茂的形式在对噪声相关知识描述的基础上，对工程控制措施、管理措施和个体防护措施进行了详细阐述。相信会对增加石油石化员工健康知识起到一定的促进作用。

目录

一、基本概念

1. 噪声

从卫生学的角度讲，凡是使人感到厌烦、不需要或有损健康的声音都称为噪声。噪声是声音的一种，具有声音的基本物理特性。

2. 生产性噪声

生产过程中产生的，其频率和强度没有规律，听起来使人感到厌烦的声音称为生产性噪声。

3. 频率

频率是物体每秒振动的次数，单位为 Hz。频率小于 20Hz 的声音为次声，大于 20000Hz 的声音为超声。人耳对声音的频率具有选择性，能听到频率范围 20~20000Hz 内的声音。

4. 声压和声压级

正常人耳刚刚能听到的声音，叫听阈声压，声压为 2×10^{-5}Pa。使人耳产生疼痛感的声压，叫痛阈声压，声压为 20Pa。由于声压值相差 100 万倍，为了把上述宽广的范围压缩为使用中容易处理的范围，并考虑到人对声音响度感觉与声音强度的对数成比例，所以引入了声压级，即有效声压与基准声压之比常用对数的 20 倍，单位为分贝（dB）。即：

$$L_p=20\lg(p/p_0)$$

典型声压级见表 1-1。

表 1-1 典型声压级

声源	声压 /Pa	声压级 /dB
听阈声压	0.00002	0
安静的办公室	0.002	40
距正在响的闹钟 1m 处	0.2	80
距运行的风钻 1.5m 处（人耳高度）	6	110
距正在起飞的喷气式客机 25m 处	200	140

可闻声声压的变化范围为 0~120dB。

听力阈值：

0dB 是人们刚刚能听到的最弱声，听觉下限；

0~20dB 很静，几乎感觉不到；

20~40dB 安静，犹如轻声絮语；

40~60dB 一般，普通室内谈话；

60~70dB 吵闹，有损神经。

每变化 20dB，相当于声压值变化 10 倍。

5. 计权声级

计权声级一般有 A、B、C 三种，它们是分别用设置有计权网络的声学测量仪测得的噪声值，记作 dB(A)、dB(B)、dB(C)。

A 计权网络是模拟人耳 40phon（方，响度级的单位）等响曲线设计的，使接受的声音通过时，对于人耳不敏感的低频声有较大的衰减，中频衰减次之，高频不衰减。

B 计权网络是按 70phon 等响曲线设计的，仅在低频段有一定衰减。

C 计权网络则仿效 100phon 等响曲线，在整个可听频率范围内几乎无衰减。

在以上三种计权声级中，A 声级最能反映出人耳的听觉特性，目前使用广泛。

分贝以对数为计算基础，因此不能直接相加。例如 20dB 的声音强度是 10dB 声音强度的 10 倍，30dB 的声音强度是 10dB 声音强度的 100 倍，而 80dB 与 80dB 叠加等于 83dB。

高频噪声随着距离越远或遭遇障碍物，能迅速衰减，如高频噪声的点声源，每 10m 距离就能下降 6dB。而低频噪声却递减得很慢，能轻易越过障碍物，长距离奔袭和穿墙透壁直入人耳。如图 1-1 所示。

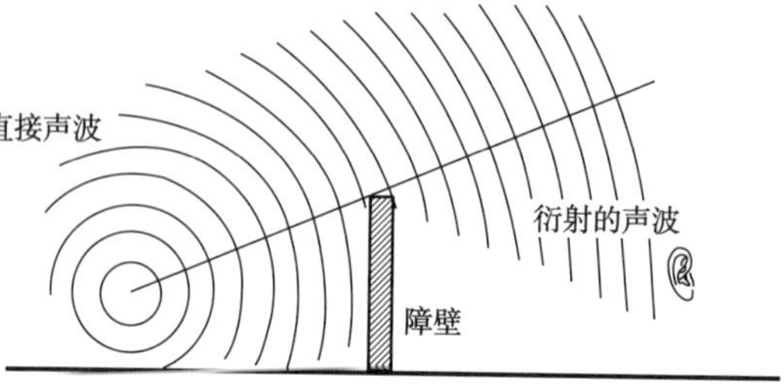

图 1-1　声波衰减

二、生产性噪声

1. 生产性噪声的分类

生产性噪声，可按其来源、持续时间、出现形态、频率特征、频谱特性、噪声频谱的宽窄，进行分类。弄清来源，可解决危害识别和分析的问题。明晰持续时间和出现形态，可解决噪声测量与结果分析的问题。进行频谱特性分析，可解决频谱分析、噪声治理及护耳器防护效果评价分析的问题。

（1）按来源分类

生产性噪声按其来源，可分为机械性噪声、流体动力性噪声和电磁性噪声。

①机械性噪声

机械性噪声是由于机械的撞击、摩擦、转动所产生的噪声。可分为振动及共振噪声、冲击噪声和摩擦噪声三种。

振动及共振噪声：许多机械设备的本身或某一部分零件是旋转式的，常因组装的损耗或轴承的缺陷而产生异常的振动，进而产生噪声。每个系统又都有其自然频率（固有频率），如果激振的频率范围与自然频率有所重叠，将会产生大振幅的振动噪声。例如风机、泵、引擎等。

冲击噪声：当物体发生冲击时，大量的动能在短时间内要转成振动或噪声的能量，而且频率分布的范围非常广，例如冲床、压床、锻造设备等，都会产生此类噪声。

摩擦噪声：此类噪声是由于接触面与附着面间的滑移现象而产生声响，常见的设备有切削、研磨等。

②流体动力性噪声

流体动力性噪声是由于气体压力的突变或流体流动而产生的噪声。一般空气在导管中流动，碰到阻碍，产生乱流或大而急速的压力改变，均会有噪声的产生。流动所产生的气动噪声包括乱流、喷射流、汽蚀、涡流等现象。在燃烧过程中，可能发生爆炸、排气，以及燃烧时上升气流影响周围空气的扰动，均会伴随噪声的产生。例如引擎、锅炉、熔炼炉、涡轮机等这一类燃烧设备，均会产生此类噪声。

③电磁性噪声

电磁性噪声是由于电磁场交替变化而引起某些机械部件或空间容积振动而产生的噪声。如发电机、变压器等。常见的产生原因有线圈和铁心空隙大、线圈松动、载波频率设置不当、线圈磁饱和等。

（2）按持续时间和出现形态分类

①按照随时间的分布情况，可分为连续声和间断声。

②按噪声出现形态，可分为稳态噪声和非稳态噪声。

稳态噪声：声压波动 $<$ 3dB（A）。

非稳态噪声：分为波动噪声和脉冲噪声。

脉冲噪声：是指噪声突然发生又很快消失，持续时间

≤ 0.5s，间隔时间 > 1s，声压的有效值变化≥ 40dB（A）。如锻造工艺使用的空气锤发出的声音，射击时枪击的声音。

（3）按频率特征和频谱特性分类

根据频率特征和频谱特性可分为：

低频噪声（主频 <300Hz）；

中频噪声（主频 300~800Hz）；

高频噪声（>800Hz）。

（4）按噪声频谱的宽窄分类

可分为窄频噪声和宽频噪声。

2. 生产性噪声的特征

（1）强度高。多超过 80dB（A），甚至高达 110dB（A）以上。

（2）高频音所占比例大。高频音危害大于中、低频音。

（3）持续暴露时间长。

（4）往往与其他有害因素同时存在。如振动、高温、毒物等。

3. 噪声作业

依据《职业卫生名词术语》（GBZ/T 224—2010），噪声作业指存在有损听力、有害健康或其他危害的声音，且 8h/d 或 40h/w 噪声暴露等效声级≥ 80dB(A) 的作业。

三、噪声的危害

长期接触噪声会对人体产生危害，其危害程度主要取决于噪声强度（声压）的大小、频率的高低和接触时间的长短。一般认为强度越大、频率越高、接触时间越长，则危害越大。此外，危害程度与噪声的特性（稳态噪声或脉冲噪声）、接触的方式（连续或间断接触）和个体敏感性有关。脉冲噪声比稳态噪声、连续接触比间断接触危害要大。

噪声不仅对人有危害，还影响人们之间的正常交流。在发生异常情况时，听不清谈话或信号，使误操作或其他事故的发生概率增加。噪声的危害主要有：

1. 噪声对听觉系统的影响

噪声对听觉器官（图 3–1）的影响是一个从生理移行至病理的过程，造成病理性听力损伤必须达到一定的强度和接触时间。长期接触较强烈的噪声引起听觉器官损伤的变化一般是从暂时性听阈位移逐渐发展为永久性听阈位移。

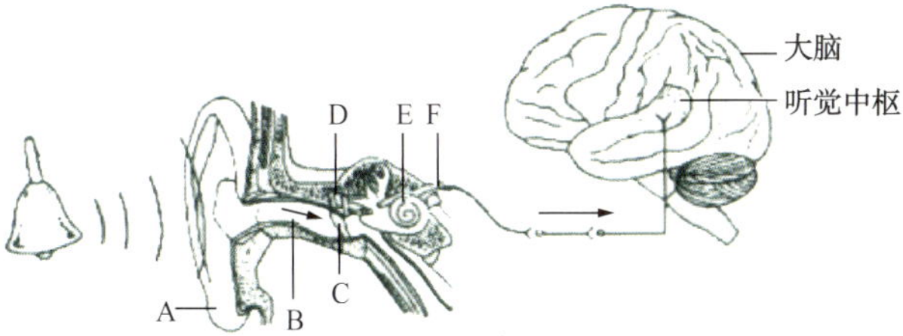

图 3-1　听觉器官

A- 外耳廓；B- 外耳道；C- 耳膜；D- 听小骨；E- 耳蜗；F- 听觉神经

（1）暂时性听阈位移

暂时性听阈位移是指人或动物接触噪声后引起暂时性的听阈变化，脱离噪声环境后经过一段时间听力可恢复到原来的水平。

（2）听觉适应

短时间暴露在强烈噪声环境中，听觉器官敏感性下降，脱离接触后对外界的声音有“小”或“远”的感觉，听力检查听阈可提高 10~15dB，离开噪声环境 1min 之内可以恢复，这种现象称为听觉适应。

（3）听觉疲劳

较长时间持续暴露于强噪声环境或多次接受脉冲噪声，引起听力明显下降，离开噪声环境后，听阈提高超过 15~30dB，需要数小时甚至数十小时听力才能恢复，称为听觉疲劳。一般在十几小时内可以完全恢复的属于生理性听觉疲劳。随着接触噪声的时间继续延长，可使听觉疲劳逐渐加重，最终听力不能恢复而变为永久性听阈位移。听觉适应和听觉疲劳均属于可逆性听力损伤，可以被视为生理性保护效应。

（4）永久性听阈位移

永久性听阈位移指噪声或其他有害因素导致的听阈升高，不能恢复到原有水平。出现这种情况是听觉器官具有器质性的变化。永久性听阈位移又可分为听力损失、噪声性耳聋以及爆震性声损伤。

①高频听力损失

主要表现在高频（3000Hz、4000Hz、6000Hz）任一频段出现永久性听阈位移大于40dB，但无语言听力障碍，又称高频听力损失。高频听力损失可作为噪声性耳聋的早期指标，是健康监护的重点管理对象。

②噪声性耳聋

当高频听力损失扩展至语言频率三频段（500Hz、1000Hz、2000Hz），造成平均听阈位移大于25dB，伴有主观听力障碍感，称噪声性耳聋，并且在4000Hz处有一听力突然下降的听谷存在。

③爆震性耳聋

又称爆震性声损伤。是在一次强噪声作用下造成的听力损伤，如爆破作业、火器发射或其他突然发生的巨响所形成的强脉冲噪声和弱冲击波的复合作用，使外耳道气压瞬间达到峰值，强大的压强可使鼓膜充血、出血或穿孔，严重时可致听骨链骨折。瞬间高压传入内耳，造成内淋巴强烈振荡至基底膜损伤，出现听力障碍，并可由于前庭受到刺激而伴有眩晕、恶心、呕吐等症状。

2. 噪声对其他系统的影响

（1）对神经系统的影响

噪声反复长时间的刺激，超过生理承受能力，就会对中枢神经系统造成损害，使脑皮层兴奋与抑制平衡失调，导致条件反射的异常，使脑血管功能紊乱，脑电位改变，从而产生神经衰弱综合征。可出现头痛、头昏、耳鸣、易疲劳以及睡眠不良等表现，还可以引起暴露者记忆力、思考力、学习能力、阅读能力降低等神经行为效应。在强声刺激下可引起交感神经紧张，引起呼吸和脉搏加快、皮肤血管收缩、血压升高、发冷、出汗、心律不齐、胃液分泌减少、抑制胃肠运动、影响食欲。有的患者会引起顽固性头痛、神经衰弱和脑神经机能不全等。症状表现与接触的噪声强度有很大关系。例如，当噪声为80~85dB时，往往很易激动，感觉疲劳，头痛多在颞额区；当噪声为95~120dB时，作业个人常前头部钝性痛，并伴有易激动、睡眠失调、头晕、记忆力减退；噪声强到140~150dB时，不但引起耳病，而且发生恐惧和引起全身神经系统紧张性增高。

（2）对内分泌系统的影响

噪声可通过下丘脑——垂体系统，促使促肾上腺皮质激素、肾上腺皮质激素、性腺激素以及促甲状腺激素等分泌的增加，从而引起一系列的生化改变。它会使人体内分泌紊乱，导致精液和精子异常。长时间的噪声污染可以引起男性不育；对女性而言，则会导致流产和胎儿畸形。

（3）对心血管系统的影响

噪声对心血管系统的影响主要表现为交感神经兴奋，心率、脉搏加快，噪声越强，反应也越强烈，导致心排血量显著增加，收缩压有某种程度的升高。但随噪声作用时间的延长，机体这种“应激”反应逐渐减弱，继而抑制，心率、脉搏减缓，心排血量减少，收缩压下降。

急性噪声暴露常引起高血压。在100dB、10min下，肾上腺激素分泌将升高，交感神经被激动。在动物实验上，也有相同的发现。虽然流行病学调查结果不一致，但几个大规模研究显示，长期噪声的暴露与高血压呈正相关的关系。暴露在70~90dB的噪声长达5年时，其患高血压的概率高达2.47倍。

低频噪声，特别是能量较大的低频噪声可直接引起心慌、心悸、心脏压迫感等不适症状。石化行业的低频噪声源主要有往复式压缩机、风冷的风机等。

（4）对视觉器官的影响

在高噪声环境下工作的工人常主诉眼痛、视力减退、眼花等。噪声与振动，还能引起眼睛对运动物体的对称平衡反应失灵，其原因是中枢神经系统在噪声刺激下产生抑制作用后的结果。一般来说，噪声强度越大，视力清晰度稳定性越差。由于视力清晰度降低，会使劳动生产率下降。同时，噪声还会使色觉、视野发生异常，调查发现噪声对红、蓝、白三色视野缩小80%。研究表明，当噪声为90dB时，人们视网膜中视杆细胞区别光亮度的敏感性开始下降，识别弱光的反应时间延长；达到95dB时，瞳孔会扩大；达到115dB时，眼睛对光亮度的适应性会降低。此外，长期接触噪声的人，最易发生眼疲劳、眼痛、视物不清和流泪等现象。

（5）对消化系统的影响

在噪声的长期作用下，可引起胃肠功能紊乱，表现为食欲不振、恶心、消瘦、胃液分泌减少、胃蠕动无力、胃排空减慢等。

3. 噪声的非特异性效应

（1）对睡眠、休息的干扰

噪声会影响人的睡眠质量，强烈的噪声甚至使人无法入睡，心烦意乱或使人多梦、惊醒，而老年人和病人对噪声的干扰更为敏感。

（2）对心理的影响

噪声引起的心理影响主要是烦恼，使人激动、易怒，甚至失去理智。噪声也容易使人疲劳，因此往往会影响精力集中和工作效率，降低劳动生产率。尤其是对一些做非重复性动作的劳动者，影响更为明显。在噪声环境中，工人由于心情烦躁，身体不适，而使注意力不集中，反应迟钝，这样工作起来很容易出差错。

噪声具有掩蔽效应，噪声往往掩盖一些危险信号的声响示警，故吵闹的施工区域或生产场所，易出现工伤事故。有时，高强度的噪声会掩蔽安全信号，会导致一些仪器设备失灵，进而引发事故。

（3）对女性的健康影响

噪声对女性月经会产生影响，常表现为周期异常（周期不规律），经期延长，血量异常（血量增多者多于血量减少），痛经等。当女性接触高强度噪声，特别是接触100dB以上强度噪声时，其妊娠高血压综合征发病率明显增高。孕妇长期接触噪声，生出低体重儿发生率增加，对神经系统先天畸形可能也有轻度影响。

四、噪声引起听力损失的机理及特征

职业性听力损失系劳动者长期暴露在高噪声下，噪声利用振动空气的压力传到内耳，以致耳蜗的毛细胞受损，所造成的感音神经性听力损失。

人类语言频率主要为500~2000Hz。如果听力损失在语言频率内，当听到超过70dB的谈话声，会感觉明显异常，从而有语言沟通上的障碍，即生活上的听力障碍。如果听力损失在语言频率外，如在8000Hz、6000Hz、4000Hz，虽然谈话声已超过70dB，但因语言频率未受影响，对日常生活上的语言交流，将不会产生明显的影响。

然而，噪声暴露导致的听力损失是渐进的、无痛的，初期听力损失自高频段开始，随着噪声暴露剂量的增加和时间的延长，将会由高频段逐渐向低频段扩展。当扩展到低频区域，即语言频率后，必将影响到语言听力。直至此时再察觉，听力阈值已变大，受损已严重。而早期听力损失，通常不被人们所注意，只能通过专门的听力检查才能发现，但听力损失一旦发生，就无法治愈。

1. 听力损失的机理

噪声暴露对听力损失造成的影响，主要取决于三个因素：

●噪声暴露的强度；

●噪声暴露时间的长短；

●个人对噪声的易感性。

依噪声强度及对内耳毛细胞的伤害情况，可区分为下列两种：

（1）声创伤。噪声的强度超过140dB以上时，声压产生的能量能在瞬间使耳蜗的高氏器官与基底膜产生撕裂性伤害而造成永久性的听力损失，此种听力损失常伴随有耳鸣，通常发生在与爆破有关的作业。

（2）噪声性听力损失。是指长久暴露在85~140dB之间的噪声所造成的听力损失。

暴露于强烈噪声造成的听力损失，可分为暂时性听力损失和永久性听力损失，或两者兼而有之。暂时性听力损失是劳动者短时间处在高噪声区域，导致听力阈值的提高。而离开噪声源后，经过一段时间，其听力可恢复正常。但永久性听力损失一旦发生，听力则永远不会恢复至其原先的状态。

噪声暴露造成的永久性听力损失可分为三个阶段：

●第一阶段

噪声暴露造成毛细胞受损，毛细胞无法再生而被瘢痕组织取代。根据文献，在毛细胞被破坏少于50%时，低音频的听力阈值尚不致变化。

●第二阶段

持续的噪声暴露数周至数年的时间，会造成毛细胞进一步受损，当受损达一定程度时，听力阈值会开始变化，通常会先发生在3000~6000Hz之间。此时因一般谈话常用的音频（250~2000Hz）尚未受到影响，劳动者无法察觉高频听力损失已经发生。只有定期的全音频听力检查，才能发现噪声所造成的早期高频（3000~6000Hz）听力损失。

● 第三阶段

持续的噪声暴露会使毛细胞进一步受到伤害，听力损失会从高频（3000~6000Hz）扩散到低频（250~2000Hz），而影响到劳动者日常生活的听力质量（如谈话、开会），从而使劳动者产生自觉听力损失的症状。但听力损失一旦造成，即使加强听力防护措施也无法使听力恢复到原来的水平。

2. 听力损失的特征

美国职业医学院对噪声引起的听力损失做以下描述：

（1）噪声引起的听力损失通常影响内耳毛细胞，造成感音神经性的听力损失。

（2）噪声引起的听力损失通常是对称性的。

（3）噪声引起的听力损失很少造成严重的听力损失，低频（250~2000Hz）的听力损失通常在40dB以下，高频（3000~6000Hz）的听力损失通常在70dB以下。

（4）停止噪声暴露，噪声引起的听力损失通常也会停止而不再继续进行发展。

（5）先前的噪声引起的听力损失并不会使劳动者对后续的噪声暴露变得敏感或更容易受到噪声的伤害。而听力阈值升高，会使后续噪声引起的听力损失的速度减缓。

（6）噪声引起的听力损失通常由 4000Hz 开始，再扩散到 3000~6000Hz。

（7）在持续、稳定的噪声暴露环境下，噪声引起的听力损失通常在 10~15 年后达到噪声引起的听力损失的极限。

（8）持续性的噪声暴露比间歇性的噪声暴露，对噪声引起的听力损失伤害更大。

上述对噪声引起的听力损失的描述被广为应用。早期噪声引起的听力损失特征是由高频（3000~6000Hz）开始，4000Hz 是最早受到影响及听力阈值改变最大的音频。听力图判读时 4K 凹陷（4Knotch 或 C5-dip）也常被用来辅助诊断噪声引起的听力损失。

五、职业接触限值及监测要求

1. 职业接触限值

依据 GBZ 2.2—2007《工作场所有害因素职业接触限值 第 2 部分：物理因素》和 GB/T 50087—2013《工业企业噪声控制设计规范》，噪声的职业接触限值及部分工作场所噪声限值如下：

每周工作 5d，每天工作 8h，稳态噪声限值为 85dB(A)，非稳态噪声等效声级的限值为 85dB(A)，见表 5-1。

表 5-1　工作场所噪声职业接触限值

接触时间	接触限值 /dB(A)	备注
5d/w，=8h/d	85	非稳态噪声计算 8h 等效声级
5d/w，≠ 8h/d	85	计算 8h 等效声级
≠ 5d/w	85	计算 40h 等效声级

脉冲噪声工作场所，噪声声压级峰值和脉冲次数不应超过表 5-2 的规定。

表 5-2　脉冲噪声工作场所噪声声压级峰值和脉冲次数限值

工作日接触脉冲次数 n/ 次	声压级峰值 /dB(A)
$n \leq 100$	140
$100<n \leq 1000$	130
$1000<n \leq 10000$	120

2. 部分工作场所噪声限值

部分工作场所噪声限值不应超过表 5–3 的规定。

表 5-3　部分工作场所噪声限值

工作场所	噪声限值 /dB(A)
车间内值班室、观察室、休息室、办公室实验室、设计室（室内背景噪声级）	70
精密装配线、精密加工车间、计算机房（正常工作状态）	70
主控室、集中控制室、消防值班室，一般办公室、会议室、设计室、实验室（室内背景噪声级）	60
医务室、教室、值班宿舍（室内背景噪声级）	55

3. 噪声监测要求

对噪声作业场所及岗位应委托有资质职业卫生技术服务机构定期检测与评价，周期至少每年 1 次。噪声超标的作业岗位可加大监测频次。

六、职业健康监护

1. 职业健康检查

GBZ 188—2014《职业健康监护技术规范》规定：听力测试应当采用纯音气导法。测试频率至少应当包括500Hz、1000Hz、2000Hz、3000Hz、4000Hz和6000Hz。

（1）上岗前职业健康检查

职业禁忌证

①各种原因引起永久性感音神经性听力损失（500Hz、1000Hz和2000Hz中任一频率的纯音气导听阈 >25dB）。

②高频段3000Hz、4000Hz、6000Hz双耳平均听阈≥40dB。

③任一耳传导性耳聋，平均语频听力损失≥41dB。

检查内容

①症状询问

- 有无中、外耳疾患史，如有无流脓、流水、耳鸣、耳聋、眩晕等症状。
- 可能影响听力的外伤史、爆震史。
- 药物史，如链霉素、庆大霉素、卡那霉素、新霉素、妥布霉素、万古霉素、多黏菌素、氮芥、卡伯、顺铂、利尿酸、水杨酸类、含砷剂、抗疟剂等。

● 中毒史，如一氧化碳等中毒。

● 感染史，如流脑、腮腺炎、耳带状疱疹、伤寒、猩红热、麻疹、风疹、梅毒等疾病史。

● 遗传史，如家庭直系亲属中有无耳聋等病史。

● 有无噪声接触史及个人防护情况。

②体格检查

● 内科常规检查。

● 耳科常规检查。

③实验室和其他检查

● 必检项目：血常规、尿常规、心电图、血清 ALT、纯音听阈测试。

● 选检项目：声导抗、耳声发射。

（2）在岗期间职业健康检查

目标疾病

①职业病

职业性噪声聋。

②职业禁忌证

● 除噪声外各种原因引起的永久性感音神经性听力损失（500Hz、1000Hz 和 2000Hz 中任一频率的纯音气导听阈 >25dB）。

•任一耳传导性耳聋，平均语频听力损失≥ 41dB。

•噪声敏感者（上岗前职业健康体检纯音听力检查各频率听力损失均≤ 25dB，但噪声作业 1 年之内，高频段 3000Hz、4000Hz、6000Hz 中任一耳，任一频率听阈≥ 65dB）。

检查内容

①症状询问：同上岗前。

②体格检查：同上岗前。

③实验室和其他检查：

•必检项目：纯音气导听阈测试、心电图。

•选检项目：纯音骨导听阈测试、声导抗、耳声发射、听觉诱发电反应测听。

听力测试应在受试者脱离噪声环境48h后进行

复查

下列情况需进行听力复查：

①初测纯音听力结果双耳高频平均听阈≥ 40dB 者。

②听力损失以高频为主，语言频率平均听力损失 >25dB

者，听力损失可能与噪声接触有关时。

③语言频率平均听力损失 >40dB 者，怀疑听力损失中耳疾患所致。

④听力损失曲线为水平样或近似直线者。

健康检查周期

①作业场所噪声 8h 等效声级≥ 85dB，1 年 1 次。

②作业场所噪声 8h 等效声级 80~85dB，2 年 1 次。

（3）应急健康检查

检查对象：因意外或事故工作场所易燃易爆化学品、压力容器等发生爆炸时所产生的冲击波及强脉冲噪声可能致中耳、内耳或中耳及内耳混合性损伤，导致急性听力损失或丧失的现场职业接触人群（包括参加事故抢救的人员）。

目标疾病：职业性爆震聋。

（4）离岗时职业健康检查

目标疾病：职业性噪声聋。

检查内容：同在岗期间检查。

2. 法定职业病

噪声引起的法定职业病包括职业性噪声聋和爆震聋，其诊断标准分别见 GBZ 49—2014《职业性噪声聋的诊断》和 GBZ/T 238—2011《职业性爆震聋的诊断》。

七、典型高噪声设备

石油石化行业噪声来源非常广泛，如过滤机、加热炉、压缩机、管道阀门、排气放空、工业泵、粉碎机、风机等都会产生噪声。其中，压缩机、加热炉等会因为气体压力突变产生气流噪声，粉碎机、传送带等会因为机械的摩擦、旋转产生机械噪声，变压器等会因为磁场变化而引起电磁噪声。除此之外，在厂区内还有一些道路交通噪声和社会生活噪声，这些比较轻微，对周围的环境没有造成太大影响。

以下根据作业环境，列举了部分典型高噪声设备，具体如下：

1. 油气田企业

注汽站：多数为移动式注汽车（图 7–1），注汽车主要的噪声源有柴油发动机和往复式注汽泵（柱塞泵）。

图 7–1　油田注汽车

注水站：噪声主要存在于注水泵房，主要噪声源是电机和往复式注水泵（柱塞泵），见图 7–2。

图 7–2　油田注水泵

通井机：修井作业使用的柴油动力通井机（图 7–3）。

图 7–3　油田通井机

石油工程作业噪声主要存在于钻井作业和压裂作业。钻井作业时，噪声源主要有柴油发电机、联动钻井机使用的柴油机、泥浆泵等。压裂作业时，噪声源主要是柴油机和高压泵。见图 7–4。

（a）钻井柴油联动机

（b）钻井发电机

（c）钻井泥浆泵

图 7–4　石油工程作业噪声来源

2. 炼化企业

热电装置：主要噪声源有汽轮机、给水泵、磨煤机、锅炉、风机等。

空分空压站：主要噪声源有空气压缩机、空气进风口等。

催化裂化装置：主要噪声源有烟气机、烟机管线、主风机、压缩机、机泵等。

聚丙烯、聚乙烯装置：主要噪声源有造粒机、振动筛、输送粒料的管道、输送风机、压缩机和机泵等。

化纤装置：主要噪声源有纺丝机、卷绕机、牵伸机、叠丝机和切断机等。

聚酯装置：主要噪声源有切粒机、输送管道、排风用轴流风机、搅拌器、热媒炉鼓风机等。

PTA 装置：主要噪声源有空气压缩机、机泵、空冷器等。

3. 管道输送作业

主要噪声源有压缩机（天然气）、加压泵（原油、成品油）、备用发电机等。见图 7–5。

图 7–5　管道输送作业压缩机

4. 施工作业

主要噪声来源于打磨作业、喷砂作业、铆工作业、打桩作业、管工作业、机械维修作业、爆破作业等。

八、工程控制措施

噪声影响的存在有三个条件：噪声源、传播途径、接收者。减少噪声最有效的办法就是优先选用低噪声设备，控制噪声源。如果噪声源控制效果不佳，可以通过吸声、消声、隔声、隔振等多种方式降低噪声对环境及人员的干扰。如果两种方法都没有将噪声降到法规要求的标准，就需要通过减少接触时间、佩戴防护耳塞（罩）等措施降低噪声危害。

1. 噪声控制通用技术

在控制工业噪声的过程中其主要的方式就是吸收声音、隔离声音、隔离振动、减少振动以及消除声音等，针对不同的情况可以选择其中一种或者是几种处理方式。

（1）隔声技术

利用材料、构件或结构来隔绝空气中噪声的传播称为隔声技术，隔声性能与材料的面密度、劲度和材料的内阻有关。隔声的材料（构件）按照形式有匀质单层板、单层复合结构（阻尼材料、特殊刚性板、软质隔声结构）、双层板结构、高隔声量结构、隔声门窗（图 8–1、图 8–2）、隔声罩（图 8–3）、隔声间（图 8–4）及隔声屏（图 8–5）等，其隔声特性见表 8–1。

图 8-1　隔声门

图 8-2　隔声窗

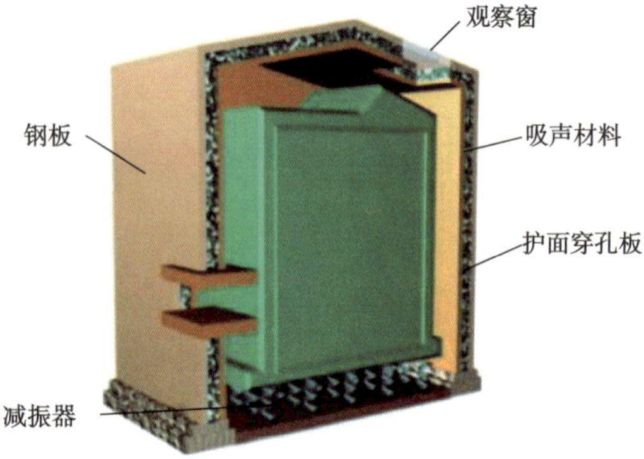

图 8–3　隔声罩（a）

图 8–3　隔声罩（b）

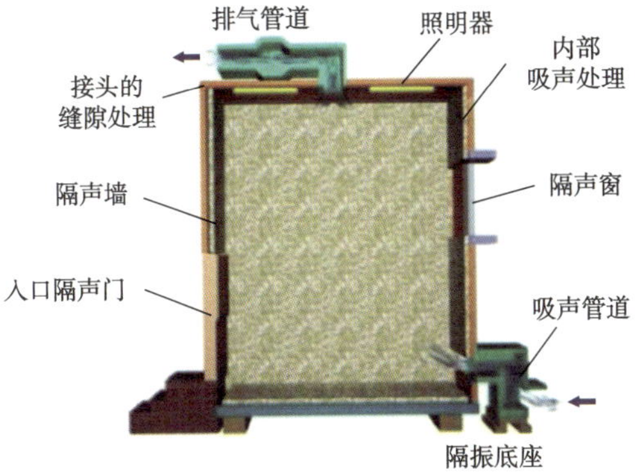

图 8–4　隔声间

图 8–5　隔声屏

表 8-1　隔声材料（构件）的隔声特性

序号	名称和构造	隔声特性
1	匀质单层板	隔声 25~35dB，临界频率在高频
2	叠合板	隔声性能与单层板相似，增加一叠合层，隔声量增加 4dB，临界频率较单层板下移
3	阻尼约束板	使用高阻尼因数材料层，可减少所有共振的副作用，提高隔声量。用于金属板隔声构件
4	空心板	隔声量与同面密度的墙板相近，可减轻构件质量和提高抗弯劲度，临界频率较单层板下移
5	刚性夹心板	隔声性能无优越性，提高抗弯劲度和稳定性
6	中空填棉板	中空板中加一定厚度的吸声材料，可消除空腔中的驻波共振以及降低空腔的声压，性能好，隔声量在全频段范围内有显著提高
7	高隔声量结构	轻重组合的多层结构隔声量为 25~64dB
8	隔声门窗	隔声量为 18~48.3dB
9	隔声罩	全封闭性隔声罩为 30~50dB；半封闭隔声罩一般在 20dB 左右，低的只有 9dB

（2）吸声技术

吸声技术是用可以吸收声能的材料或结构使声能减少的技术。吸声材料（结构）在噪声控制中主要应用于：用作室内吸声降噪、管道衬垫或用作消声器的原材料以降低通风系统噪声，或在轻质隔声结构和隔声罩内表面作辅助材料，提高构件隔声量。

吸声材料（结构）分为多孔吸声材料、共振吸声结构、特殊吸声结构（空间吸声体、吸声尖劈）。其中共振吸声结构对低频噪声效果较好；空间吸声体吸声效率高、便于安装和检修。图 8-6 为吸声棉举例，图 8-7 为吸声墙面举例。

图 8-6　吸声棉

图 8-6　吸声棉

（3）消声技术

消声器是一种具有吸声内衬或特殊结构形式能有效降低噪声的气流管道。

在噪声的控制技术中，消声器是应用最多的降噪设备（图 8–8）。

在工程实际中，消声器广泛应用于鼓风机、通风机、罗茨风机、轴流风机、空压机、柴油发电机等各类空气动力设备的进排气口消声，以及用作锅炉房、冷冻机房、发电机房等建筑设备机房的进出风口消声。

图 8–8　消声器

消声器按照结构与原理分为阻性消声器、抗性消声器、复合式消声器和排气放空消声器，其消声特性见表 8–2。

表 8-2　常见消声器分类与应用

名称和构造	形式	消声性能	主要用途
阻性消声器	管式、片式、蜂窝式、列管式、折板式、声流式、弯头式、百叶式、元件式、迷宫式、圆盘式、圆环式、小室式	中高频	通风系统管道、机房进出风口、空气动力设备进排风口
抗性消声器	膨胀式（扩张式）、共振式、微穿孔板式、干涉式、电子式	低中频 低频 宽频带	空压机、柴油机、汽车发动机等以低中频噪声为主的设备噪声
复合式消声器	阻抗复合式、阻性及共振复合式、抗性及微穿孔复合式	宽频带	各类宽频带噪声源
排气放空消声器	节流减压式、小孔喷注式、节流减压与小孔喷注复合式、多孔材料扩散式	宽频带	各类排气放空噪声

（4）消振技术

通过改进振动设备的设计和提高制造加工装配精度，使其振动达到最小。常见消振设备及措施见表 8–3。

表 8-3　常见消振设备及措施

设备种类	设备名称	消振措施
旋转机械	电动机、风机、泵类、蒸汽轮机、燃气轮机	调好动静平衡、提高制造质量，严格控制对中要求和安装间隙，减少其离心偏心惯性力的产生
		通过改变转速、更换机型改变固有频率
		壳体采用具备加强法（筋、多加支撑节点）或壳体上增加质量或阻尼材料（图 8–9），改变固有频率
旋转往复机械	柴油机、空气压缩机	采用各种平衡方法改善其平衡性能
管道	气、液、粉体管道	适当配置管道元件，改善介质流动特性
		壳体采用具备加强法（筋、多加支撑节点）或壳体上增加质量或阻尼材料，改变固有频率

图 8–9　管道喷涂阻尼材料

（5）隔振技术

在振动控制中，隔振是投资不大、却行之有效的方法。隔振分成积极隔振和消极隔振两类，前者主要是隔振台座，后者是隔振器。

除设备隔振外，管道隔振采取在动力设备与管道之间加柔性连接装置，如在风机的分管与风机的连接处，采用柔性帆布管接头，水泵进出口处加橡胶软接头，柴油机排气口与管道之间加金属波纹管。管道穿墙而过时，管路与墙体脱开，并垫以弹性材料。见图 8–10、图 8–11。常见隔振器材及隔振器见表 8–4。

图 8-10　隔振垫

图 8-11　柔性接管

表 8-4　常用隔振器材及隔振器分类

名称	种类
隔振垫	橡胶隔振垫、玻璃纤维垫、金属丝网格枕垫、软木、毛毡、乳胶海绵等制成的隔震垫
隔振器	橡胶隔振器、全金属隔振器、空气弹簧、弹性吊架
柔性接管	可曲绕的橡胶接头、金属波纹管、橡胶、帆布、塑料凳柔性接头

2. 石化企业典型高噪声设备治理技术

（1）空气压缩机噪声控制技术与应用

压缩机的噪声源有空气压缩机机体噪声源、电动机噪声源、进气噪声源、排气和储气罐噪声源等，现在行业内外针对不同的发生部位，采取综合的控制措施，包括空压机进气消声器采用无纤维、无泡沫塑料等疏松材料的抗性消声器和抗性微穿孔板复合消声器或微穿孔板消声器等；大流量空气压缩机排气放空系统采用具有减压扩容作用的专用消声器；设置隔声室或通风隔声罩，隔声室内采用吸声处理降低机房内的混响声，窗户采用采光隔声窗或消声通风窗，门采用隔声门或隔声门斗，机房设通风散热装置；管道包扎外包吸声材料、阻尼层和隔声板，排气管中加装节流孔板等滤波元件，管路设置隔振器；储气罐包扎阻尼，储气罐外包扎珍珠岩或刷阻尼浆、包超细玻璃棉和金属薄板，罐内设置吸声体。机器底座下设置减振器或设计隔振基础。

（2）风机噪声控制技术与应用

风机噪声主要包括空气动力性噪声和机械性噪声两大部分，其中空气动力性噪声源占主要部分。风机噪声治理技术主要包括消声、隔声和管道降噪等，如：进口安装微穿孔板进气消声器，出口安装排气放空消声器；设置隔声间或通风隔声罩；管道包扎吸声材料、阻尼层和隔声板，管路设置隔振器。

（3）磨煤机噪声控制技术与应用

球磨机噪声由三部分组成：筒体噪声、电机噪声和排粉风机噪声，其中筒体噪声为主体。针对球磨机筒体噪声，控制措施有：通过改进衬板结构及其材质进而从根本上降低钢球与衬板之间的撞击噪声；也有通过隔声套、隔声罩、大螺栓隔声小盒、电机与减速箱隔声消声装置等措施。

（4）机泵噪声控制技术与应用

机泵噪声按其产生的机理不同，主要可分为机械噪声、空气动力噪声、电磁噪声、水力噪声。首先，为了降低泵的噪声，在泵的设计过程中，应精心设计泵的各项参数，叶轮和导叶、蜗壳径向间隙应合理，在结构和水力设计上尽量减少噪声源。其次，从安装、操作入手，安装时严格按照规范标准和随机技术文件要求施工，安装时要保证泵与电机的同心度。操作时要注意排空，保证允许的吸上高度或必需的汽蚀余量，控制泵的流量范围，杜绝超负荷运行。定期对泵和电机进行检修，及时更换泵和电机中损坏的零部件。最后，采取措施防止噪声传播。泵安装完后，工艺配管的支撑架部位应加橡胶垫或棉织物等起防振作用的补垫，同时加大基础强度，必要时可设隔音墙；也可以在泵、电机周围设置隔声罩或在装置上安装无脉动消声器等，这些措施都可以有效减小噪声及防止噪声传播。

(5) 汽轮机噪声控制技术与应用

汽轮机噪声源的声学特性大多是气体在流动或喷射过程中所产生的湍流，或因压力突变所引起的气体扰动而产生的空气动力性噪声。

汽轮机噪声控制一方面从声源本身着手，针对具体设备采取噪声控制措施，降低声源噪声，包括采用稳定性良好的可倾瓦轴承支撑，使轴系更加稳定以降低振动噪声；采用全周进汽的技术特点(如需要)，避免部分进气产生的转子振动，可有效降低振动噪声；采用防气流激振的气封结构和精确的径向间隙测控手段，有效减少气隙激振的影响以降低振动噪声和气隙噪声，采用气动性能和密封性能良好的阀门，避免产生涡流并有效降低阀门泄漏，进而有效控制噪声产生。

另一方面，采用隔声屏罩（或称为罩壳/化妆板）的方案，包括在设备的噪声发生处安装消音装置，使噪声强度和振动强度降低，从而使设备从声源处即可降噪，采用隔声室、隔声罩等措施，将发声强烈的部位用适当的隔声材料封闭，并在隔声室或隔声罩内用吸声材料作吸声处理，抑制噪声向外传播。合理选择吸声抹面材料能进一步提高降噪效果，目前国外普遍采用的JNH吸声抹面料对中低频到高频的各种噪声均有良好的吸声效果。采用吸声隔音层加吸声抹面料的施工工艺，以其较少的投入、成熟的技术、常规的材料使噪声强度明显降低，取得较好效果，可逐步推广应用。

（6）柴油发电机房噪声控制技术与应用

柴油机工作时，其排气管噪声、燃烧噪声、机体噪声、冷却风扇噪声以及联动机构的相互传动冲击振动噪声，构成了油气田钻井作业的主要噪声源，其中排气噪声是柴油机最主要的噪声源，其次为燃烧噪声、机械噪声等。柴油发电机房噪声的治理需采取综合措施，包括发电机排气消声器选用抗性结构或微穿孔板复合结构；冷却风扇加装消声器；机房内墙壁机顶部做部分吸声处理；设置隔振基座和隔振；发电机设置隔声罩。

（7）厂房隔声值班室的设置应用

对噪声强度高，隔声、消声等降噪措施不易实施的场所，且操作人员需要长时间停留在厂房内观察生产状况的情况，应考虑在厂房内设置隔声观察室（图 8–12）。观察室的设计应在保证降噪的情况下同时考虑便于观察以及人员采用新风量等需求。

图 8-12　隔声观察室

九、管理措施

（1）制定职工听力保护管理实施细则。

（2）噪声作业区域进行分级管理（图 9–1）。

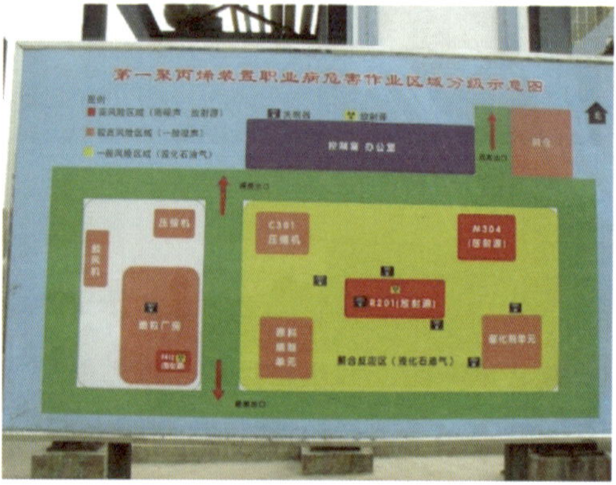

图 9–1　噪声作业区域实行分级管理

（3）噪声定期检测与评价。

（4）产生噪声的工作场所设置“噪声有害”和“戴护耳器”等警示标识（图 9–2）。

图 9–2 “戴护耳器”标识

（5）对检测结果及时在监测点告知牌、公告栏和内部信息网上进行告知。

（6）定期组织噪声作业岗位员工听力健康检查，发现职业禁忌证员工及时调整岗位。出现听力损失员工，根据损失程度，加强防护，动态观察，严重者调整作业岗位。

十、个体防护措施

个体防护措施是防止听力损失的最后一道防线。在使用护耳器过程中，除了降噪特性外，舒适性也是非常关键的一点。护耳器的舒适性会使作业人员愿意长时间佩戴，从而起到防护作用。企业可为作业人员提供多种选择，包括耳塞、耳罩和防噪声头盔等，并对作业人员进行正确佩戴护耳器的培训，让员工充分认识到佩戴防噪声器具的必要性，养成自觉佩戴的习惯，降低噪声危害。

1. 护耳器的选择原则

（1）安全与健康原则

选择护耳器要充分考虑使用环境和佩戴个体的条件，保证佩戴护耳器过程中的人员安全与健康。

（2）适用原则

护耳器应在提供有效听力保护的同时不影响生产作业的进行，避免过度保护。

（3）舒适原则

护耳器应具有较好的佩戴舒适性，避免由于佩戴不舒适导致佩戴者不按正确的方式使用护耳器，从而降低其听力保护作用。

2. 护耳器选型一般要求

（1）高温、高湿环境中，耳塞的舒适度优于耳罩。

（2）一般狭窄有限空间里，宜选择体积小、无突出结构的护耳器。

（3）短周期重复的噪声暴露环境中，宜选择佩戴摘取方便的耳罩或半插入式耳塞。

（4）工作中需进行语言交流或接收外界声音信号时，宜选择各频率声衰减性能比较均衡的护耳器。

（5）强噪声环境下，当单一护耳器不能提供足够的声衰减时，宜同时佩戴耳塞和耳罩，以获得更高的声衰减。

（6）耳塞和耳罩组合使用时的声衰减值，可按二者中较高的声衰减值增加 5dB 估算。

（7）如果佩戴者留有长发或耳廓特别大，或头部尺寸过大或过小不宜佩戴耳罩时，宜使用耳塞。

（8）佩戴者如需使用防护手套、防护眼镜、安全帽等防护装备时，宜选择便于佩戴和摘取、不与其他防护装备互相干扰的护耳器。

（9）选择护耳器需要注意卫生问题，如无法保证佩戴时手部清洁，应使用耳罩等不易将手部脏物带入耳道的护耳器。

（10）耳道疾病患者不宜使用插入或半插入式耳塞类护耳器。

（11）皮肤过敏者选择护听器时须谨慎，应做短时佩戴测试。

3. 护耳器降噪量的选择方法

选择护耳器之前应检测现有工作场所的噪声水平，噪声接触限值为 8h/40h 等效声级 < 85dB(A)。首先根据护耳器产品上标称的降噪值，换算成 ISO 4869—2 所定义的单值噪声降低数——SNR，用 SNR 再乘 0.6 作为实际降噪值。之所以要乘 0.6 “打折”，是考虑到护耳器的标称降噪值是在实验室条件下取得的，代表护耳器的某种“最佳表现”，而工人实际佩戴时间长，每个人的佩戴方法会有不同，实际的防护效果会降低一些。

举例说明根据现场噪声选择护耳器的方法：

某现场 8h 等效 A 声级噪声为 101dB(A)，超过卫生标准 16dB(A)。

护耳器 A：标称降噪值为 23dB(A)，SNR 值为 25dB(A)。

护耳器 B：标称降噪值为 29dB(A)，SNR 值为 31dB(A)。

按照《工业企业职工听力保护规范》折算实际降噪值：

护耳器 A：25dB(A) × 0.6=15dB(A)；

护耳器 B：31dB(A) × 0.6=18.6dB(A)。

评价工人实际佩戴的接触噪声水平：

戴护耳器 A：101dB(A)−15dB(A)=86dB(A)，仍然超标；

戴护耳器 B：101dB(A)−18.6dB(A)=82.4dB(A)，不超标。

所以说，选择护耳器应首先确保佩戴护耳器后的实际噪声水平不能高于卫生标准。但多数情况下，工厂的噪声水平并不是很高，市场上多数护耳器的降噪能力多数都能满足，选择时除了价格因素外，是不是降分贝越多，效果就越好呢？实际并非如此，如果过度降噪，使用者会产生“孤立”感，且会屏蔽掉过多有用的声音，如说话声和报警声，一般认为，使用护耳器后实际接触噪声为 75~80dB(A) 效果为最佳。见图 10–1。

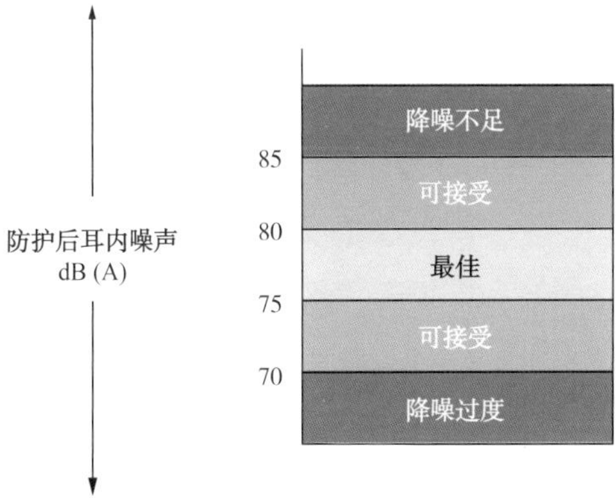

图 10–1　不同级别噪声效果

4. 耳塞的佩戴方法

（1）预成型硅胶耳塞的正确佩戴方法

把手洗净，一只手从头后部绕过，将外耳向后上方提起，另一只手将耳塞缓慢地旋转塞入耳中，使用方法如图 10–2 所示。

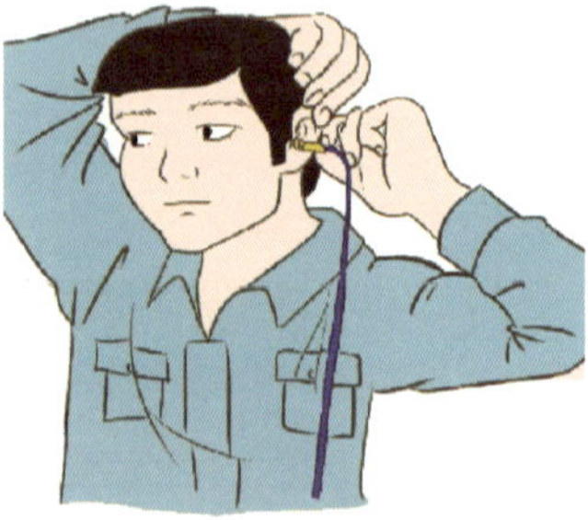

图 10–2　硅胶耳塞佩戴方法

预成型耳塞是一个均码的尺寸，因此对于不同耳道的人佩戴状态不一致。见图 10–3。

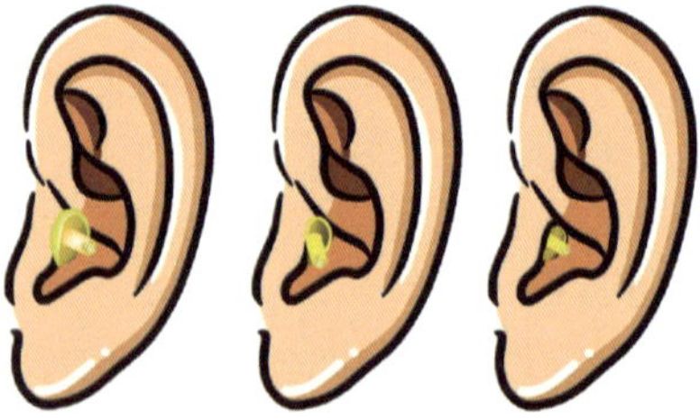

超小尺寸耳道　　中等尺寸耳道　　超大尺寸耳道

图 10–3　三个正确佩戴耳塞的示例

（2）发泡耳塞的正确佩戴方法

把手洗净，将耳塞的圆头部分搓细（慢慢碾压，逐步增大力度，防止耳塞产生皱纹或扭曲，揉搓大概 10s），一只手从头后部绕过，将外耳向后上方提起，另一只手将捏细的耳塞圆头部分缓慢旋转塞入耳中；轻扶耳塞直至耳塞完全膨胀定型。见图 10–4。

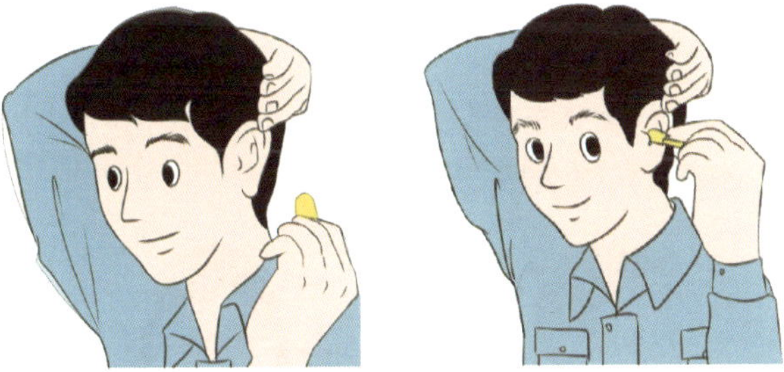

图 10–4　发泡耳塞佩戴方法

（3）几种方法检查是否需要重新佩戴耳塞

- 听自己的声音，说 boom，bit，然后注意自己的声音，如果自己说话的声音像闷在桶里，有共鸣、低沉，若没有共鸣的感觉，需要重新佩戴耳塞。
- 对比自己两个耳朵听到的声音是否平衡，感觉声音来自自己头部中央，表明两个耳塞佩戴效果相同。
- 拖拉测试，轻轻向外拉耳塞应该有阻力像拔瓶盖一样。
- 佩戴好的耳塞可能会由于说话、扭头等原因使耳塞变松，所以如果声音发生变化应重新佩戴。

5. 耳罩的佩戴方法

使用耳罩，应先检查罩壳有无裂纹和漏气现象，佩戴时应注意罩壳的方向，顺着耳廓的形状戴好。

将连接弓架放在头顶适当位置，尽量使耳罩软垫圈与周围皮肤相互密合。

将每个耳罩杯调节至能完全盖住耳朵，上下调节耳罩杯在头带上的位置，使耳罩能罩住耳朵，头带又能稳固地位于头顶。

注意：佩戴耳罩时不能佩戴耳饰，不能有空隙产生，也不能使其歪斜影响效果。见图 10–5。

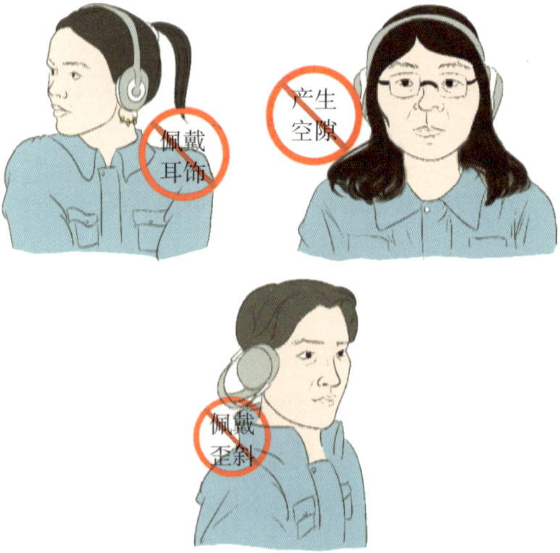

图 10–5　耳罩的佩戴注意事项

6. 护耳器优缺点（表 10–1）

表 10-1　护耳器优缺点

护耳器种类	优点	缺点
耳罩	（1）对高频噪声屏蔽较好； （2）能较长时间使用； （3）广大劳动者均能接受； （4）能在耳有较轻感染时使用； （5）不易丢失； （6）较易让管理者确认是否佩戴	（1）在炎热环境下不舒适； （2）不容易携带和保存； （3）易受头部运动影响； （4）干扰其他 PPE 的使用； （5）更贵
耳塞	（1）对中低频噪声屏蔽较好； （2）在炎热环境更舒适； （3）易携带和保存； （4）不易受头部运动影响； （5）不干扰其他 PPE 的使用	（1）容易丢失； （2）不能在耳有感染时使用； （3）可能刺激耳道； （4）容易脏，需常更换； （5）较难让管理者确认是否佩戴

十一、生活中注意事项

（1）用耳机听音乐时间不要超过 1h，音量最好保持在 40~60dB，相当于一般谈话声或者略微小一点。

（2）接听电话，不要长时间保持一个姿势，每天听电话时间不要超过 3h，最好每过半小时，就让耳朵休息一会。

（3）切忌频繁用力挖耳。

（4）常吃护耳食物延缓听力下降。多选择含铁丰富的食物，如紫菜、虾皮、海蜇皮、黑木耳、黑豆、黑芝麻；多补充含锌丰富的食物，如动物肝脏、粗粮、坚果、蛋类、牡蛎等；注意补充富含维生素的食物，绿色蔬菜和柑橘、核桃、花生、蘑菇、银耳等。